Les 1res activités Montessori des tout-petits

Mathématiques

LAROUSSE
21, rue du Montparnasse 75283 Paris Cedex 06

Direction de la publication : Carine Girac-Marinier
Direction éditoriale : Julie Pelpel-Moulian
Direction artistique : Uli Meindl
Réalisation graphique : Emmanuelle Noël
Fabrication : Marlène Delbeken

Crédits :
Shutterstock.com ©

ISBN 978-2-03-600368-2

Sommaire

Introduction

Le jeune enfant dispose d'un éventail de perceptions « mathématiques » acquises dans son quotidien. Ce cahier a pour objectif de développer et d'affiner ces perceptions à travers diverses activités.

Structurer sa pensée

Vous trouverez tout d'abord des activités autour des couleurs, des formes, des dimensions et des contrastes, avec notamment des mises en paires, des activités de tri et d'orientation, des gradations qui permettront d'affiner la capacité de discrimination visuelle de votre enfant, et donc de développer son esprit logique. Il va ainsi mettre en action ses sens à travers l'observation, la manipulation, la réflexion, le jugement, la déduction, ce qui va lui permettre, entre autres, de construire sa représentation du monde.

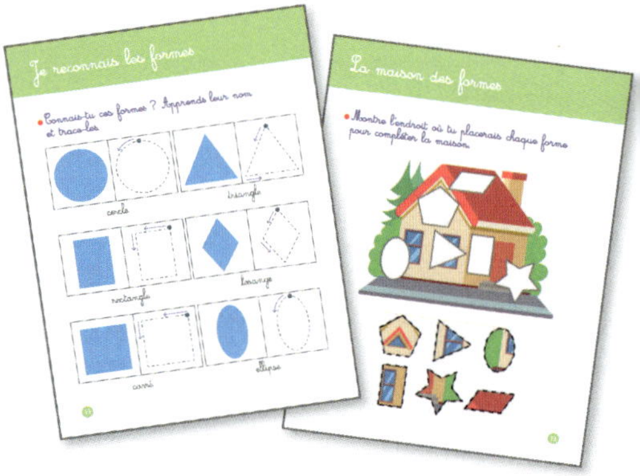

Se familiariser avec les chiffres et les quantités

Le matériel

La pédagogie Montessori propose une progression pensée et rigoureuse en s'appuyant sur un **matériel simple et efficace** qui cible clairement un objectif et une difficulté à la fois.

Afin de vous accompagner au mieux, vous trouverez des explications vous permettant de vous approprier le matériel et d'aborder sa présentation. Nous vous conseillons de découper vous-même en amont le matériel afin que tout soit prêt et disponible au moment de la présentation à votre enfant. Présentez le matériel à l'enfant, montrez-lui comment faire l'activité, puis laissez-le faire sans jugement.

En parallèle des activités du cahier, continuez à lui présenter les chiffres à travers des chansons, des jeux à appliquer dans son quotidien ou grâce à l'affichage d'une frise numérique, qui est un support stimulant et pertinent dans sa conquête des compétences et des savoirs.

La leçon en 3 temps

Pour faciliter l'apprentissage du nouveau vocabulaire que vous allez lui présenter, nous vous conseillons de recourir à la leçon en 3 temps.

La leçon en 3 temps est avant tout une transmission où la qualité de la relation et de l'interaction entre votre enfant et vous est déterminante. L'objectif de cette démarche est de ne pas surcharger la mémoire et de conserver l'attention du jeune apprenant. La leçon en 3 temps repose sur la démarche suivante :

- Le 1er temps, la **connaissance** : « C'est ... » L'adulte introduit l'objet, le concept, en le nommant, avant de demander à l'enfant de répéter. L'adulte associe le nouveau vocabulaire et l'objet avec exactitude. Il utilise les mots justes.
- Le 2e temps, la **reconnaissance** : « Montre-moi. » C'est le temps qui nécessitera le plus de répétition. L'adulte demande à l'enfant de montrer l'objet. C'est l'occasion de revoir le vocabulaire et de renforcer son acquisition et sa mémorisation.
- Le 3e temps , la **vérification** : « Qu'est-ce que c'est ? » L'adulte demande à l'enfant de nommer et de montrer l'objet. C'est le moment où il vérifie l'assimilation parfaite du vocabulaire, condition indispensable pour que l'enfant puisse le transposer dans un autre contexte.

Je connais les couleurs

- Complète les paires avec une carte de même couleur, à l'aide des cartes à découper page 45.

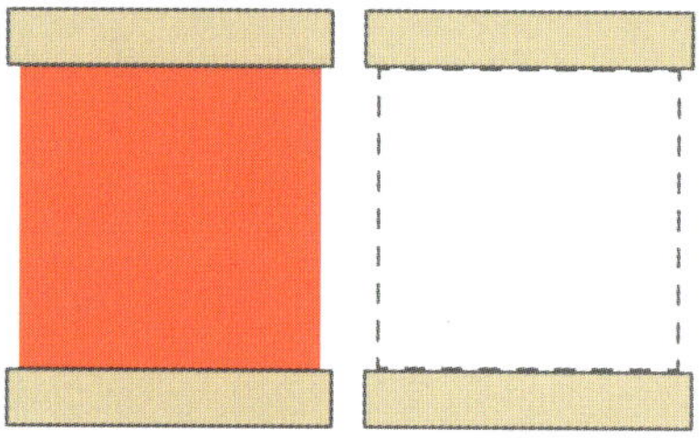

rouge

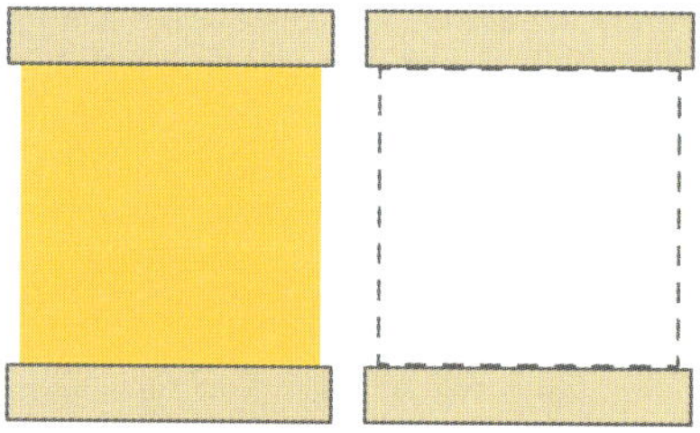

jaune

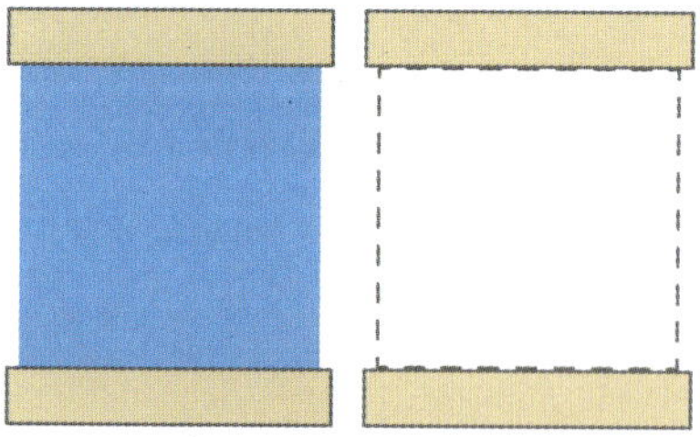

bleu

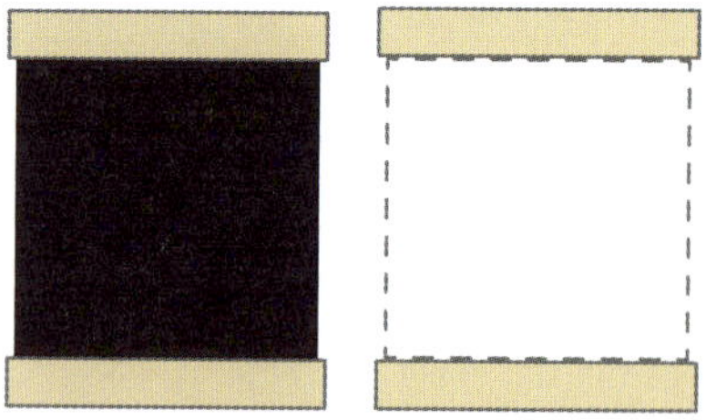

noir

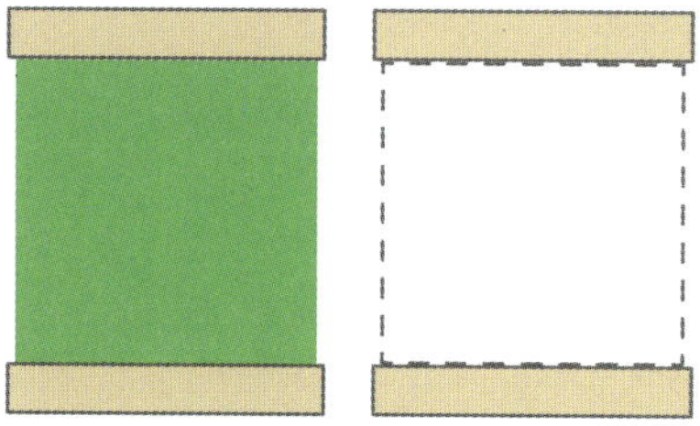

vert

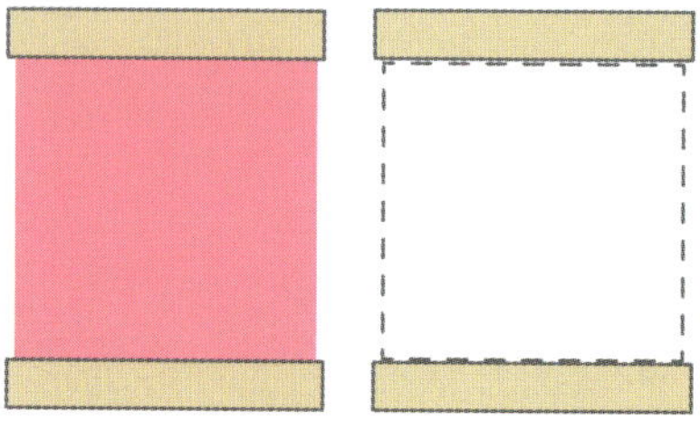

rose

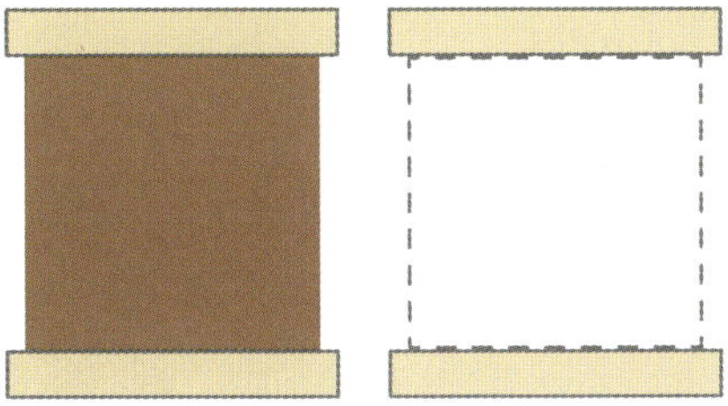

marron

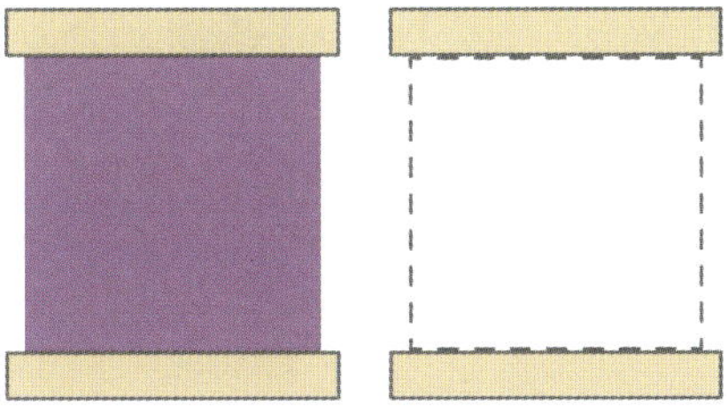

violet

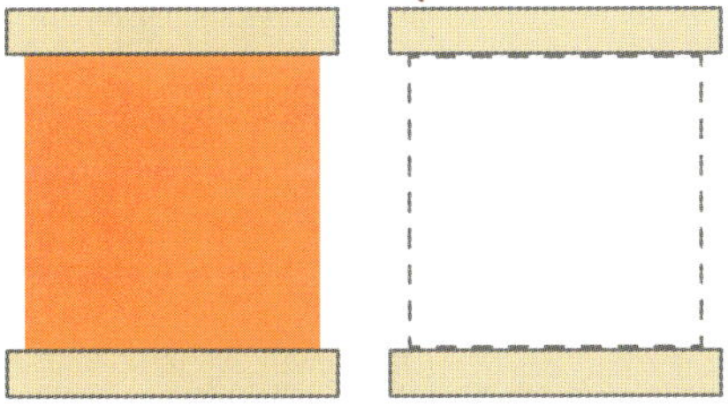

orange

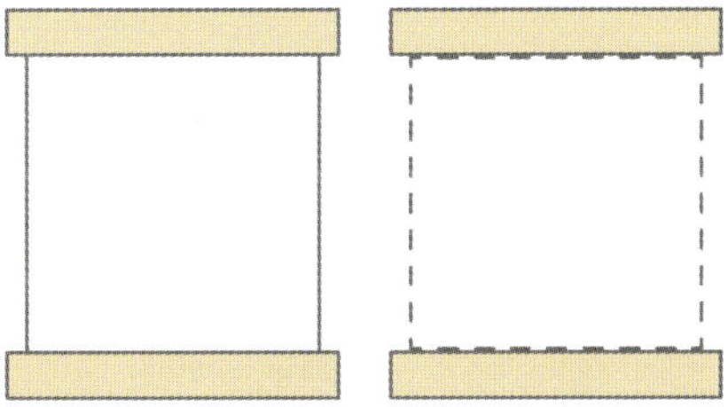

blanc

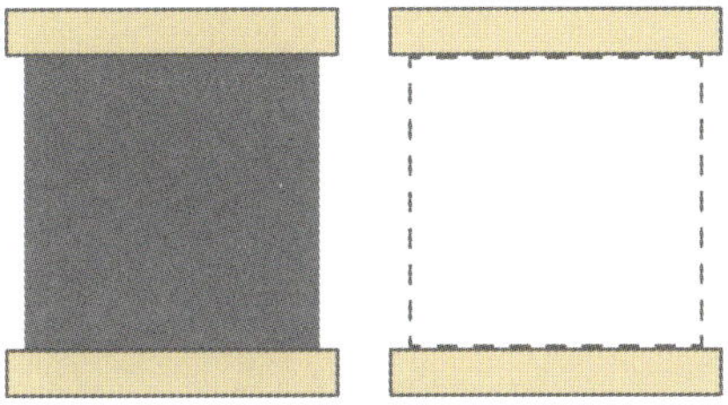

gris

Le soleil des couleurs

- Complète le soleil des couleurs avec tes cartes à découper page 45.
Place-les de la plus claire à la plus foncée.

Le sous-marin

- Complète l'image avec les pastilles de couleur à découper page 47. Tu peux les coller ou les poser.

Les poissons

• Relie chaque poisson au motif qui est sur son corps.

Je reconnais les formes

- Connais-tu ces formes ? Apprends leur nom et trace-les.

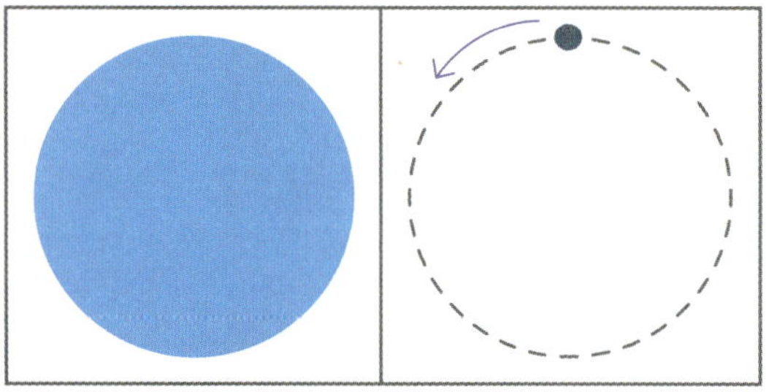

cercle

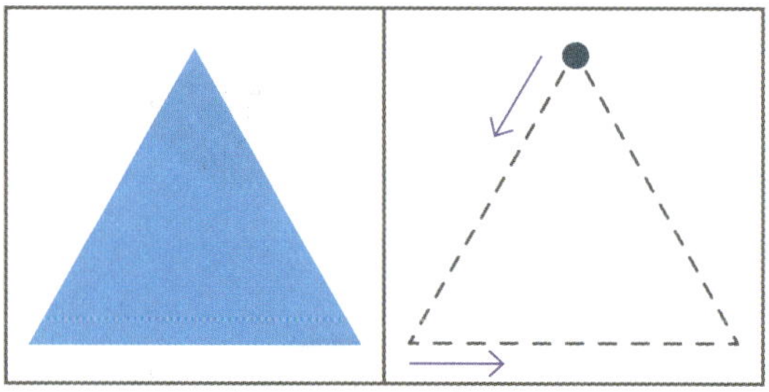

triangle

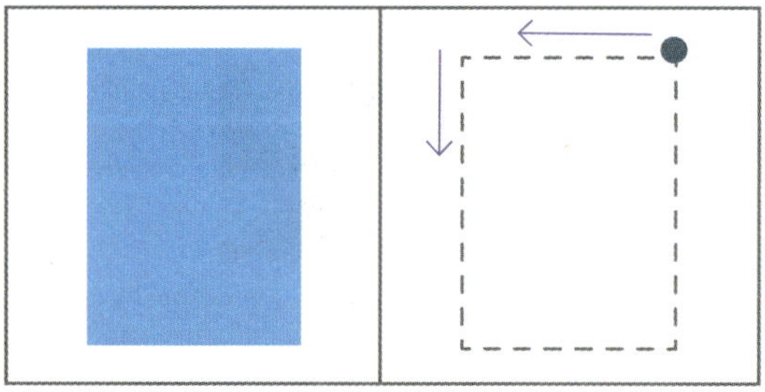

rectangle

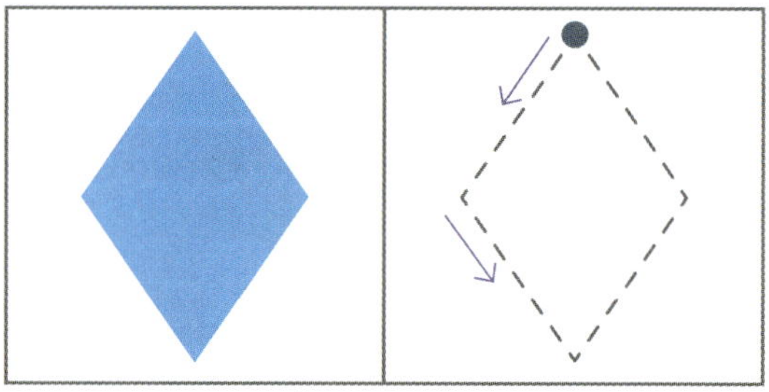

losange

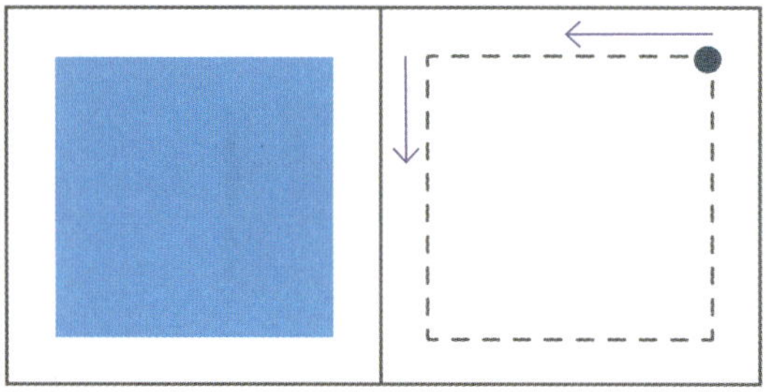

carré

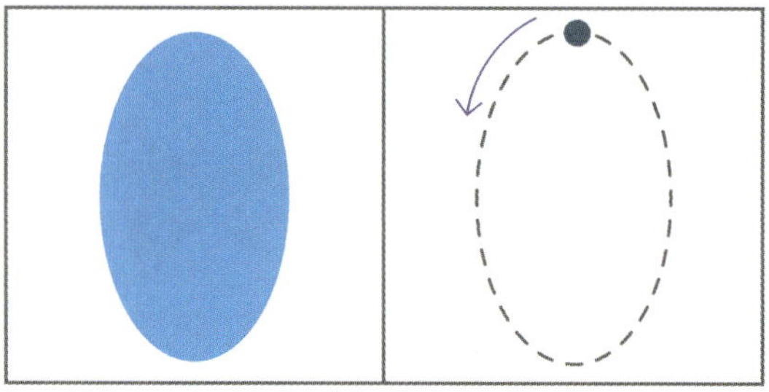

ellipse

La maison des formes

- Montre l'endroit où tu placerais chaque forme pour compléter la maison.

Du plus petit au plus grand

- Munis-toi de tes formes géométriques découpées page 47. Range-les de la plus petite à la plus grande.

Du plus grand au plus petit

- Range tes formes géométriques de la plus grande à la plus petite.

Le jeu des silhouettes

- Relie chaque chien à son ombre.

Je connais les positions

- Peux-tu dire où est la pomme par rapport à la boîte sur chaque image ?

sur

dans

à côté

devant

derrière

entre

sous

à travers

autour

Je fais des paires

● Trouve des paires dans le dessin. 

Les barres rouge et bleu

Grâce aux barres numériques rouge et bleu, votre enfant va être capable de visualiser les unités qui composent chaque nombre. Vous pouvez les fabriquer en volume, avec des tasseaux de bois, ou en papier/carton.

Matériel nécessaire

Les barres rouge et bleu sont le premier matériel dont on se sert pour la numération. Elles correspondent chacune à un nombre, et évoluent en longueur, proportionnellement, d'unité en unité.

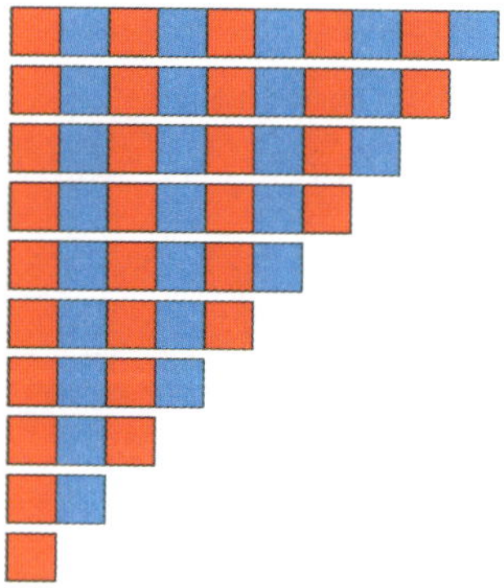

La leçon en 3 temps

Le premier temps

Les barres numériques 1, 2 et 3

À chaque étape, demandez à votre enfant de répéter vos gestes et vos paroles.

- Prenez la barre 1 et dites : « 1 ».
- Prenez la barre 2 et dites, tout en posant au fur et à mesure vos doigts sur les unités : « 1, 2 ». Balayez ensuite la barre avec le bout de vos doigts et dites : « 2 ».

- Procédez de la même façon avec la barre 3.
- Recommencez la présentation de chaque barre si cela vous semble nécessaire.
- Positionnez les barres dans l'ordre et dites : « Montre-moi le 3 », puis : « Montre-moi le 1 », et enfin : « Montre-moi le 2. »
- Renouvelez ce temps en positionnant les barres dans le désordre.
- Isolez une des barres et demandez : « Qu'est-ce que c'est ? » Procédez ainsi avec les autres barres.

Les barres numériques 4, 5 et 6

- Posez les barres de 1 à 6 devant votre enfant.
- Prenez les barres 1, 2 et 3, puis vérifiez que votre enfant les a bien assimilées.
- Présentez les barres 4, 5 et 6 comme vous l'avez fait avec les trois premières barres.

Les barres numériques 7, 8, 9 et 10

- Posez les barres de 1 à 10 devant votre enfant.
- Après avoir vérifié que votre enfant a bien intégré les barres 1 à 6, présentez les barres 7, 8, 9 et 10 comme précédemment.

Le deuxième temps

Ce jeu est à introduire lorsque votre enfant connaît l'ensemble des barres numériques.
Sur une table, disposez toutes les barres rouge et bleu dans le désordre. Ensuite, demandez à votre enfant de ranger les barres numériques de 1 à 10 dans l'ordre, de la plus petite à la plus grande, en veillant à ce que les extrémités rouges soient toutes bien alignées. Mélangez, puis demandez-lui de vous donner maintenant les barres dans l'ordre inverse, de 10 à 1.

Le troisième temps

Sur une table ou sur un tapis, disposez les barres dans le désordre, puis demandez à votre enfant : « Apporte-moi la barre 5 », « Apporte-moi la barre 2 », etc.

Je colorie les barres numériques

- Colorie en rouge et bleu les barres numériques, en commençant par celle représentant le 1. Attention, la première case est toujours rouge.

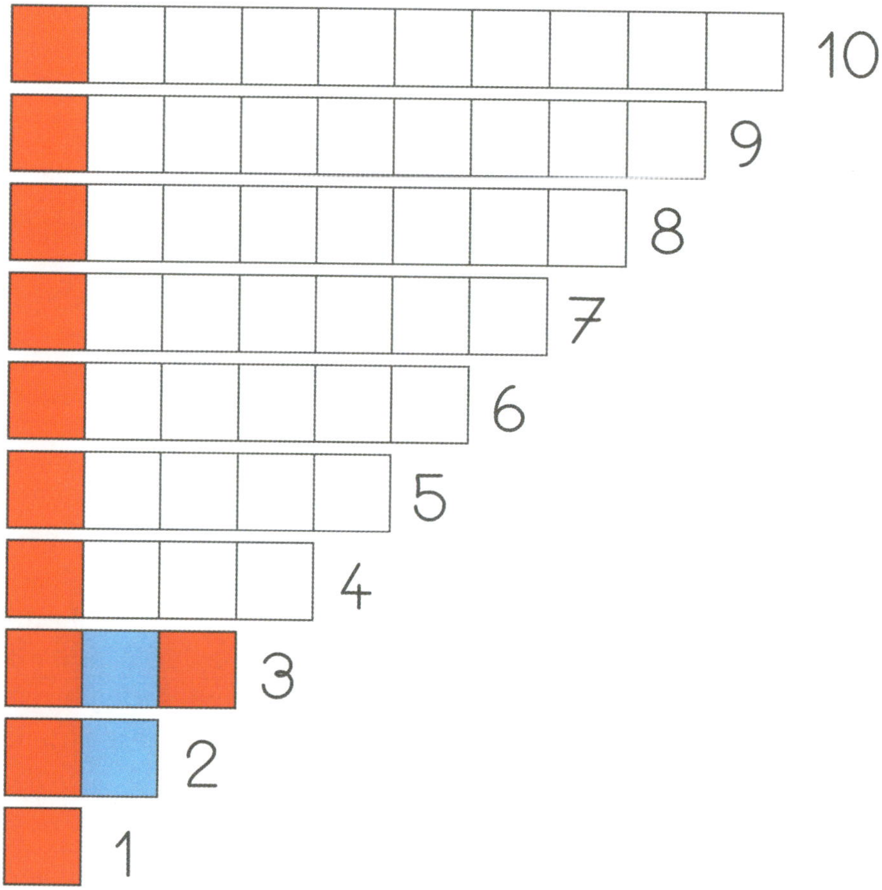

- Peux-tu montrer où sont le 7, le 5, puis le 3 ?

Je nomme les barres numériques

- Nomme chaque barre représentée, puis colorie-les toutes.

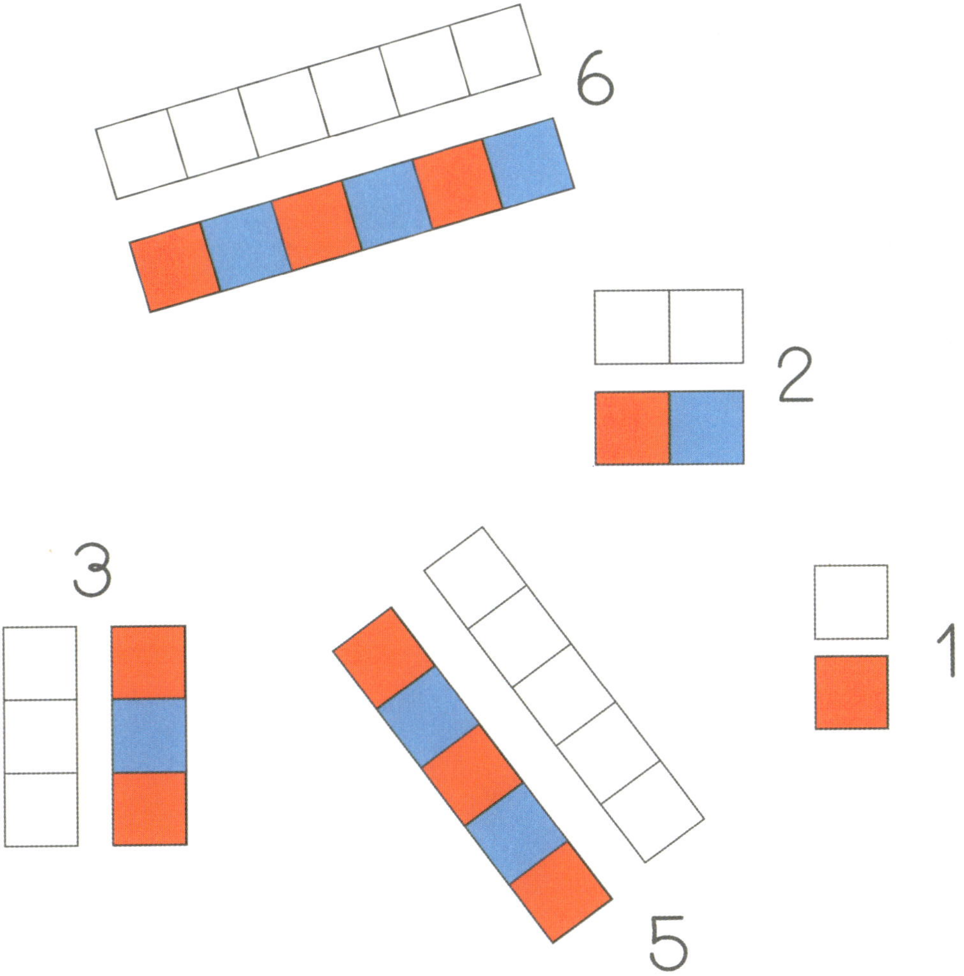

J'apprends le 1

- Avec ton doigt, suis le tracé et dis « 1 ».

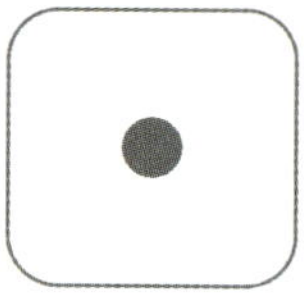

- Colorie 1 case.

- Entoure tous les 1.

1	3	1	2	1	
7	1	5	4	0	6
2	8	9	2	1	7

- Colorie la perle du 1.

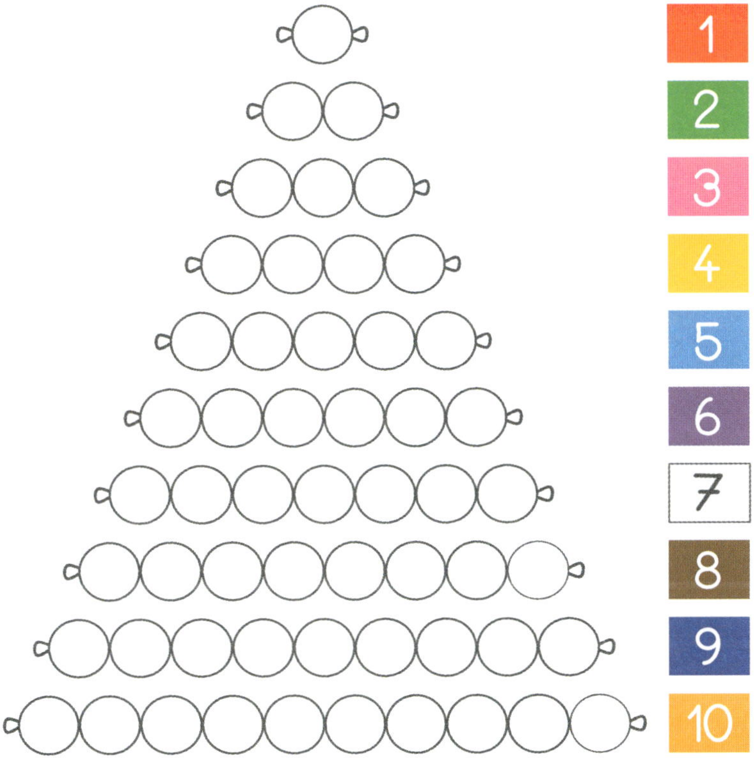

- Trace le chiffre.

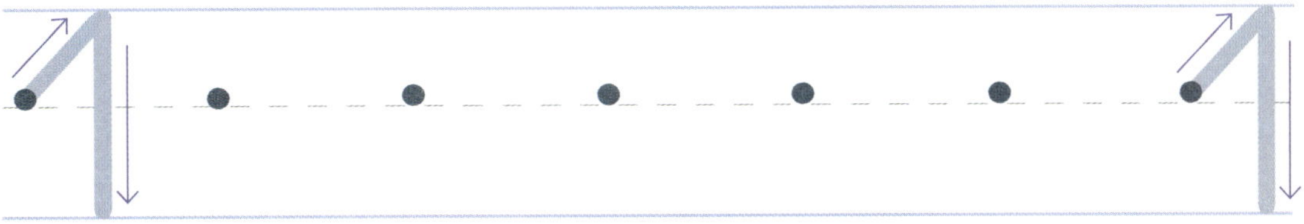

J'apprends le 2

- Avec ton doigt, suis le tracé et dis « 2 ».

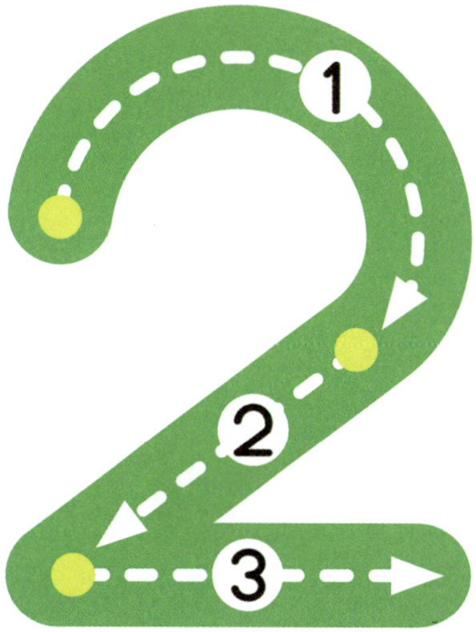

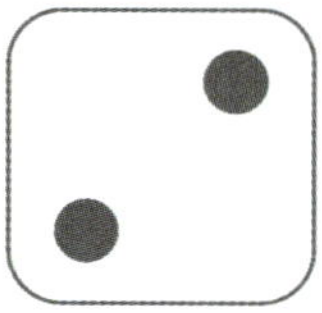

- Colorie 2 cases.

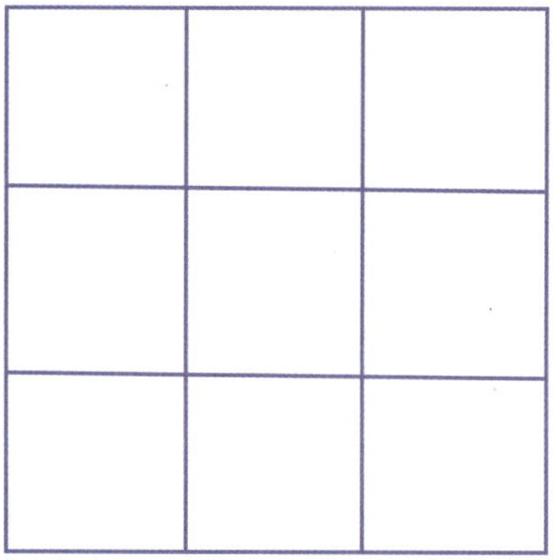

- Entoure tous les 2.

Colorie la barrette de perles du 2.

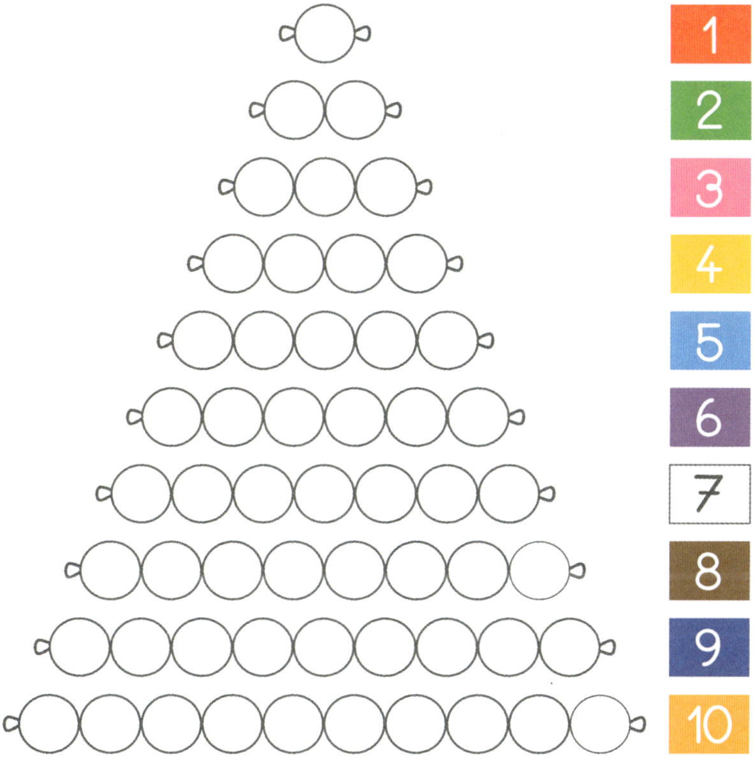

Trace le chiffre.

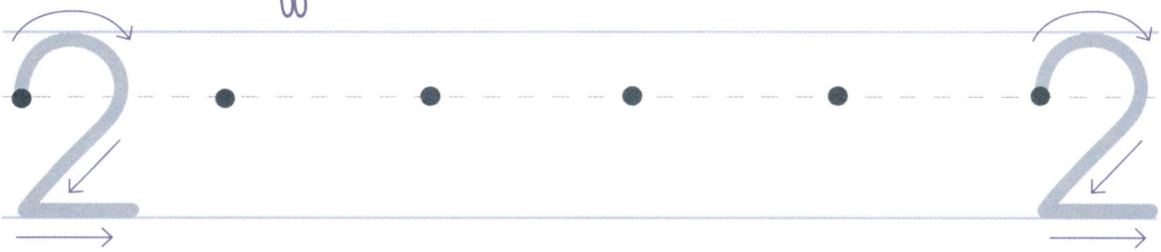

J'apprends le 3

● Avec ton doigt, suis le tracé et dis « 3 ».

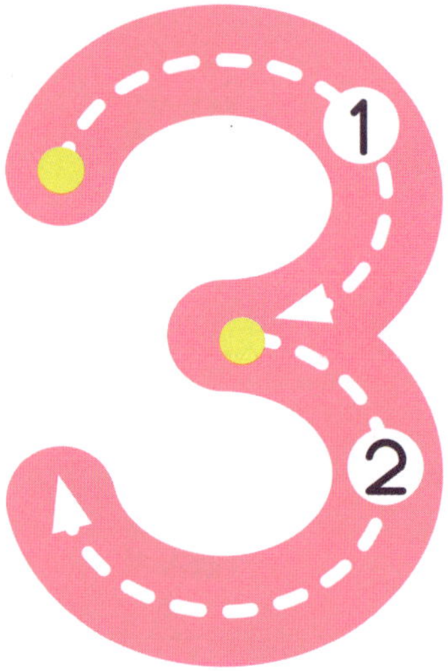

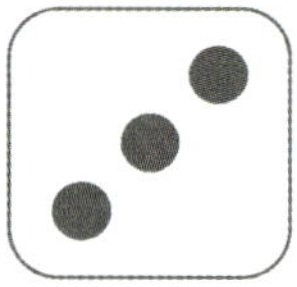

● Colorie 3 cases.

● Entoure tous les 3.

1 3 1 2 3

7 1 5 3 0 6

3 8 9 2 3 7

- Colorie la barrette de perles du 3.

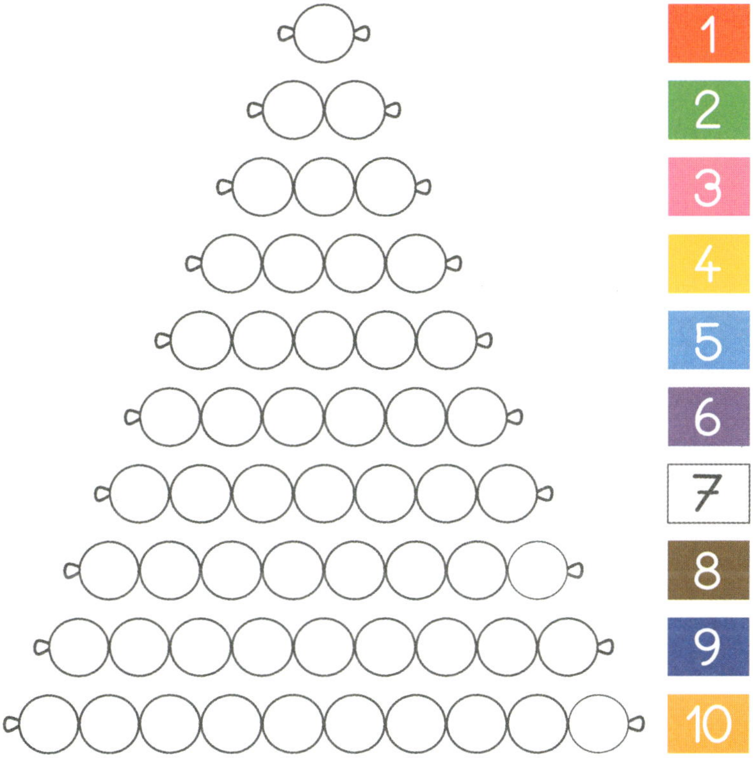

- Trace le chiffre.

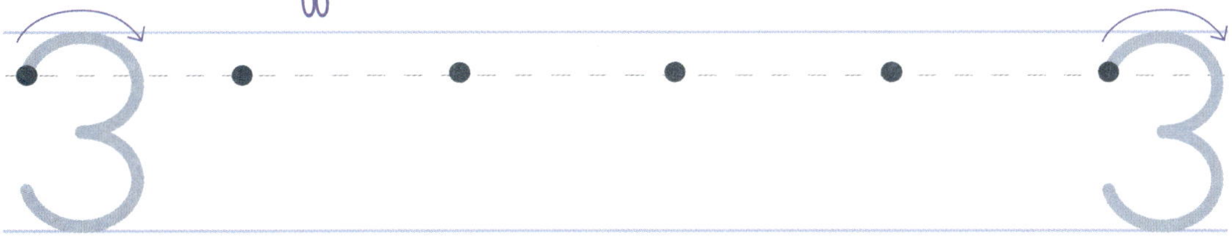

J'apprends le 4

- Avec ton doigt, suis le tracé et dis « 4 ».

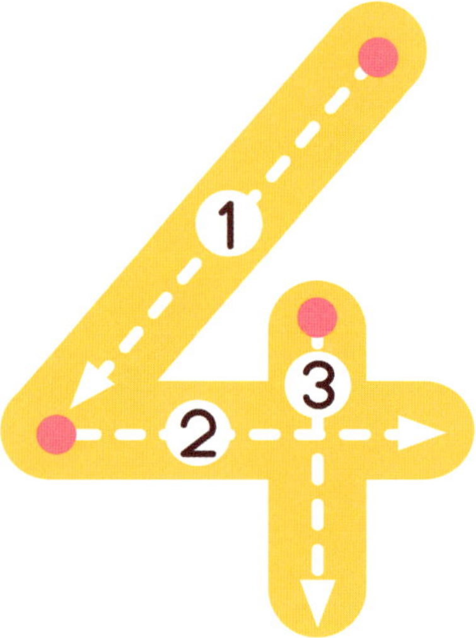

- Colorie 4 cases.

- Entoure tous les 4.

4 3 1 2 3

7 1 5 4 0 6

4 8 4 2 4 7

Colorie la barrette de perles du 4.

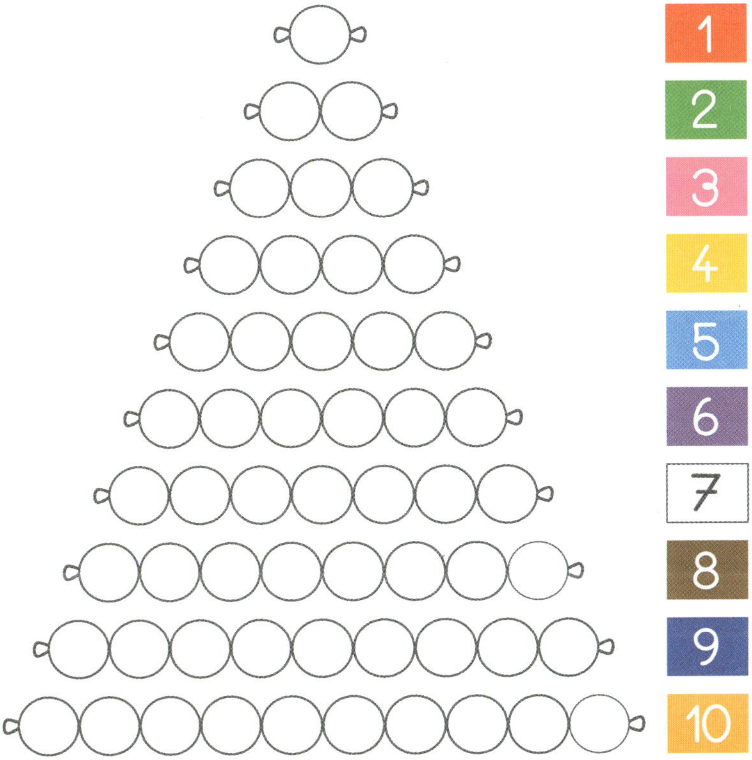

Trace le chiffre.

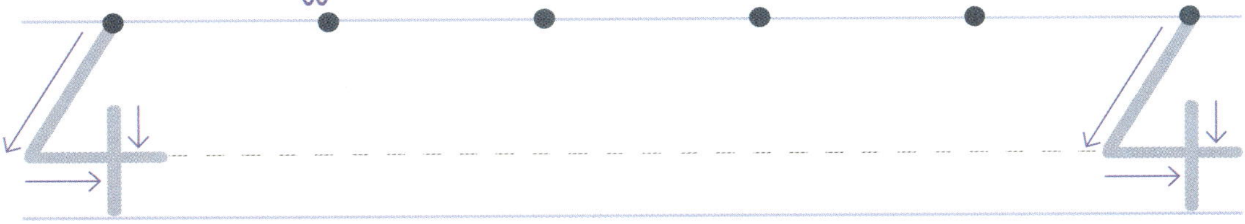

J'apprends le 5

- Avec ton doigt, suis le tracé et dis « 5 ».

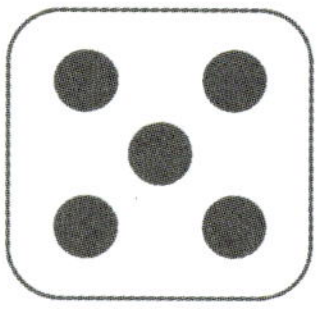

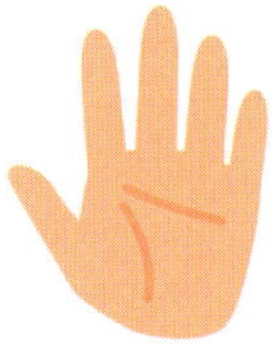

- Colorie 5 cases.

- Entoure tous les 5.

5 3 1 2 5

5 1 5 4 0 6

4 8 3 5 4 9

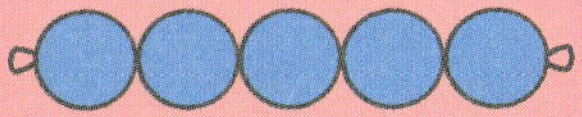

- Colorie la barrette de perles du 5.

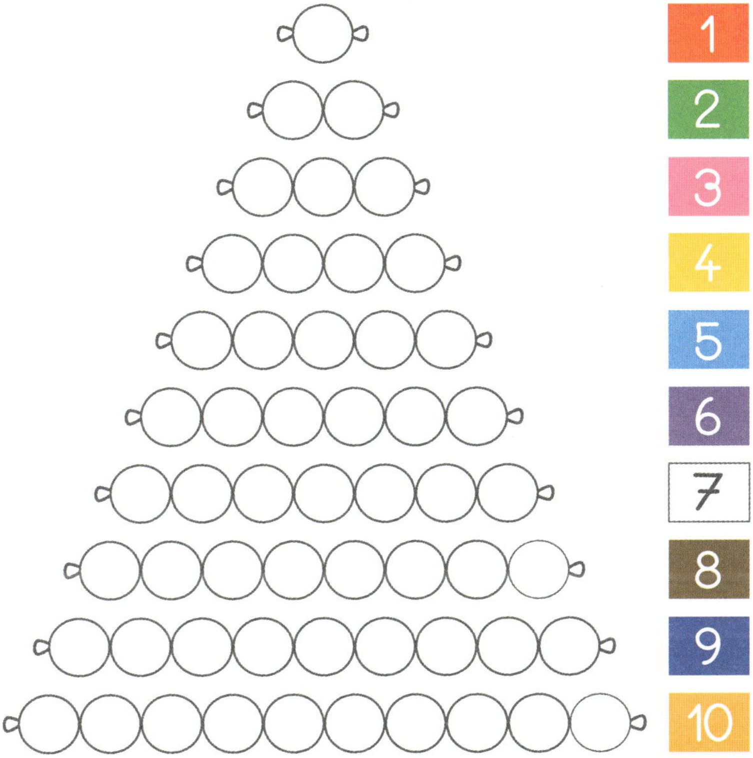

- Trace le chiffre.

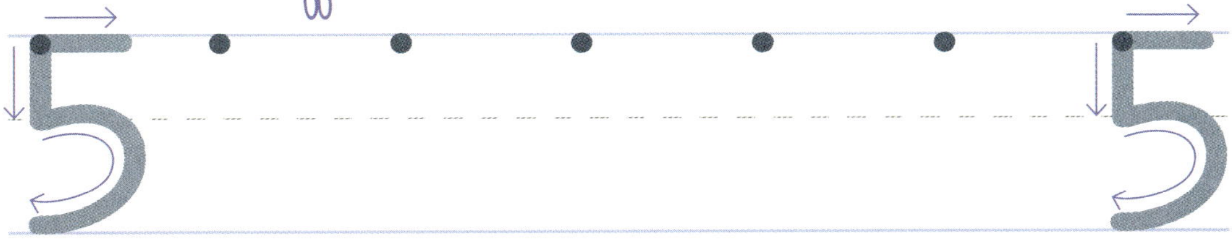

J'apprends le 6

- Avec ton doigt, suis le tracé et dis « 6 ».

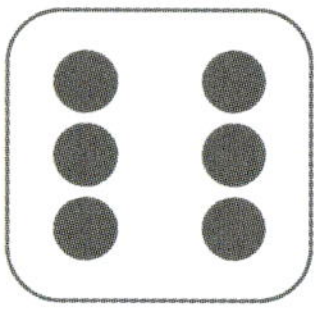

- Colorie 6 cases.

- Entoure tous les 6.

5 6 1 2 7

9 1 5 4 6 6

6 8 3 5 4 6

- Colorie la barrette de perles du 6.

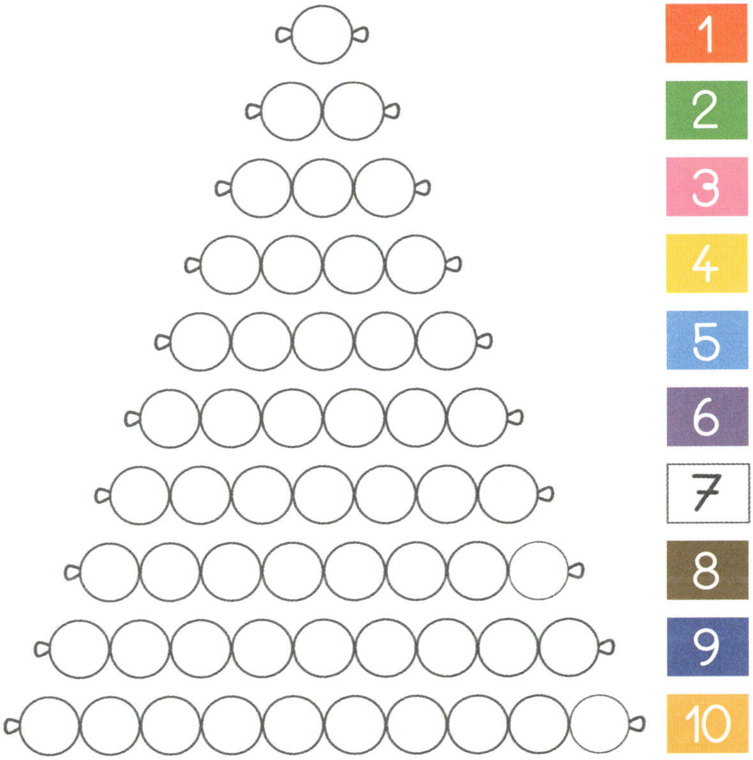

- Trace le chiffre.

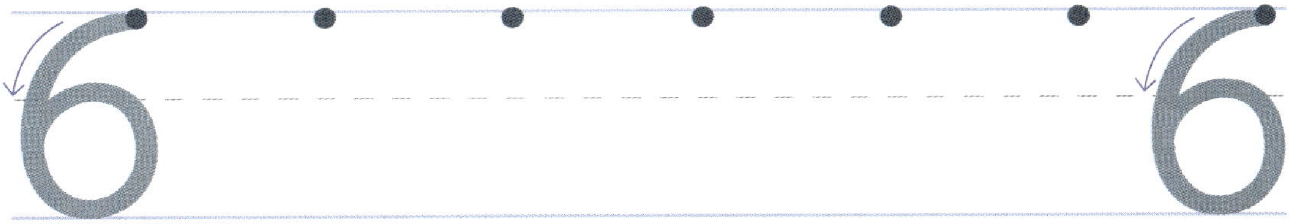

J'apprends le 7

- Avec ton doigt, suis le tracé et dis « 7 ».

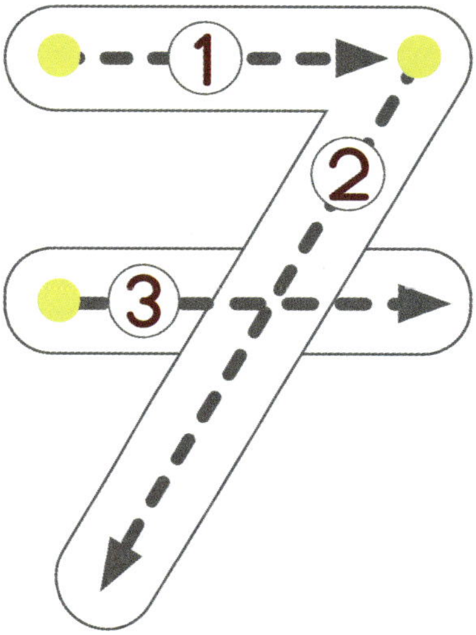

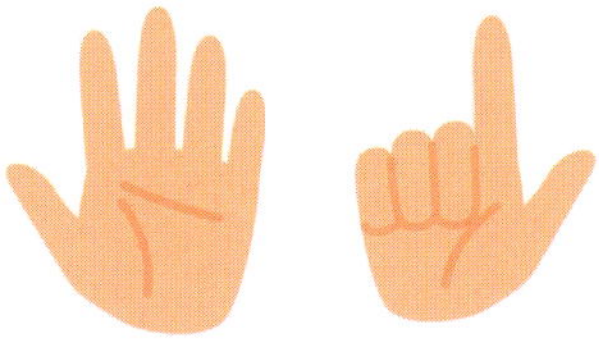

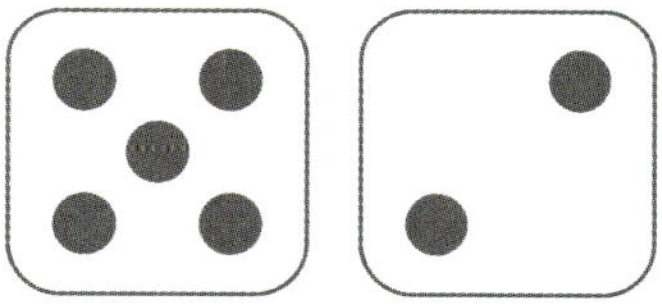

- Colorie 7 cases.

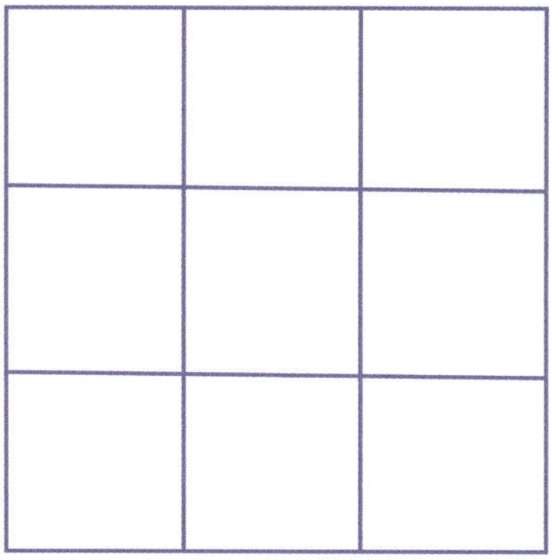

- Entoure tous les 7.

5 7 1 2 9

9 1 5 7 8 6

7 8 3 7 4 7

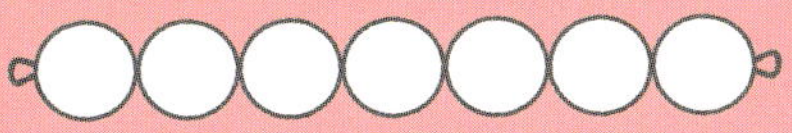

- Montre la barrette de perles du 7.

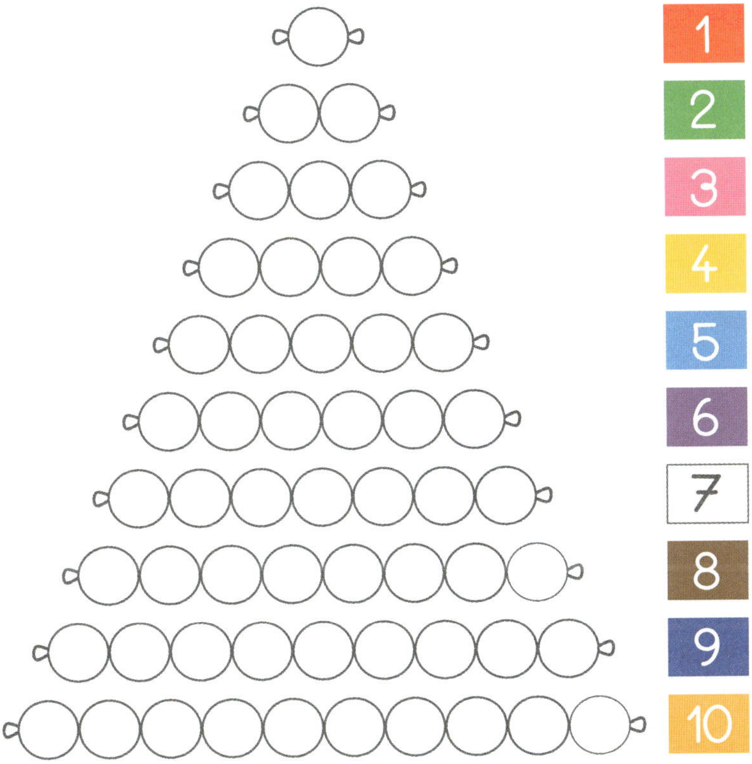

- Trace le chiffre.

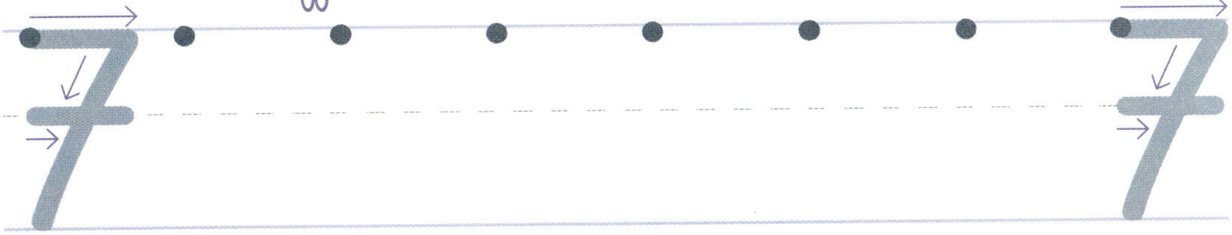

J'apprends le 8

- Avec ton doigt, suis le tracé et dis « 8 ».

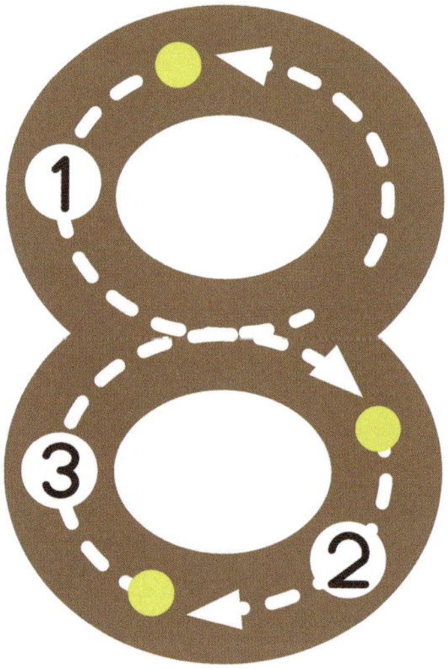

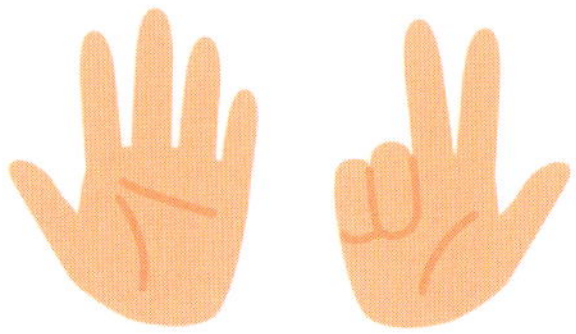

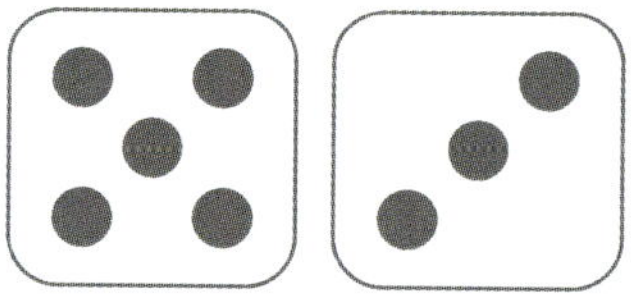

- Colorie 8 cases.

- Entoure tous les 8.

5 7 1 2 8

9 8 5 7 8 6

8 8 3 7 4 8

- Colorie la barrette de perles du 8.

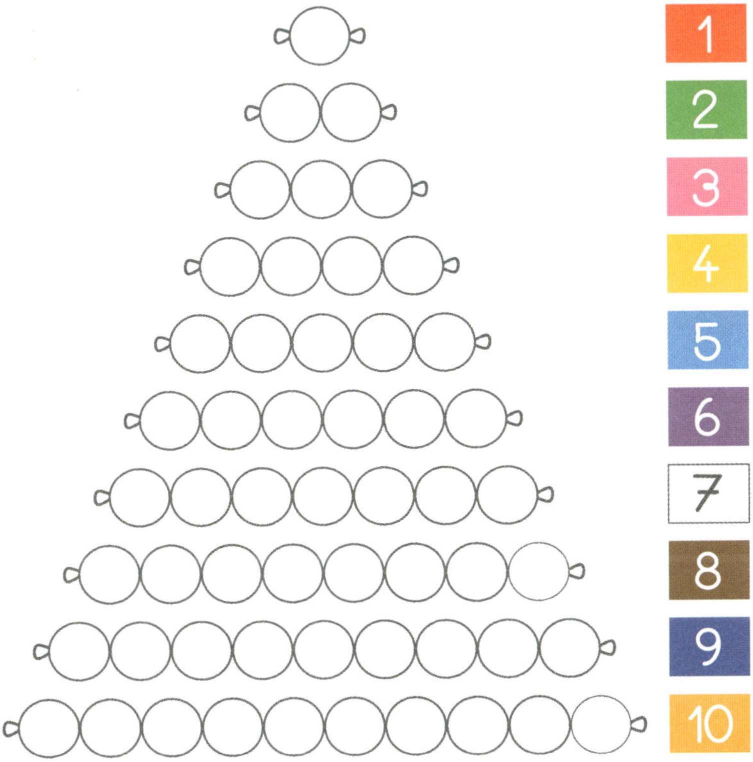

- Trace le chiffre.

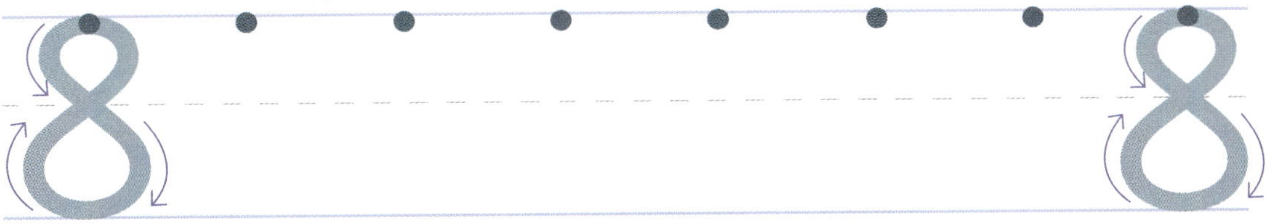

J'apprends le 9

- Avec ton doigt, suis le tracé et dis « 9 ».

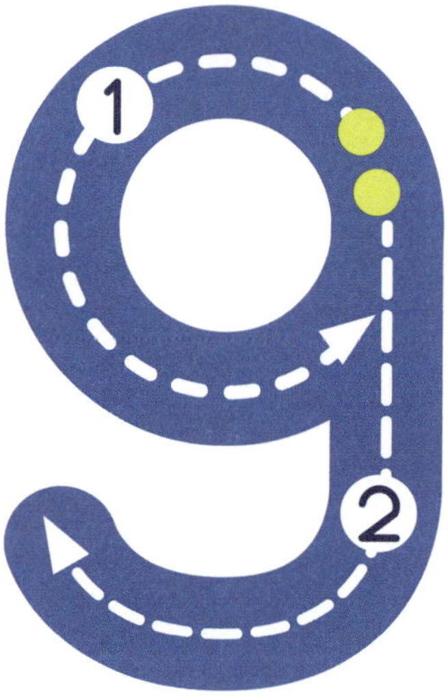

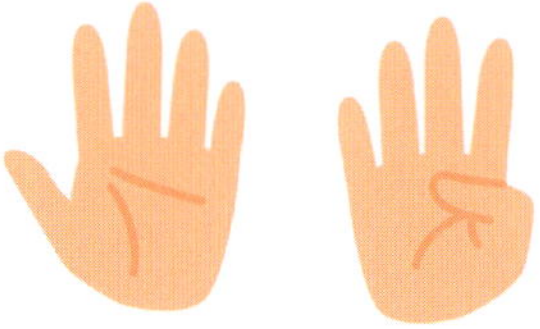

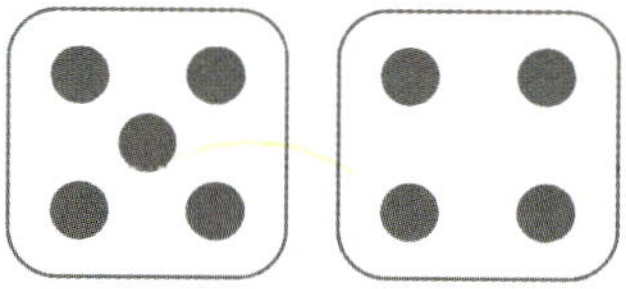

- Colorie 9 cases.

- Entoure tous les 9.

5 7 9 2 9

9 2 5 7 1 6

9 8 3 7 9 8

- Colorie la barrette de perles du 9.

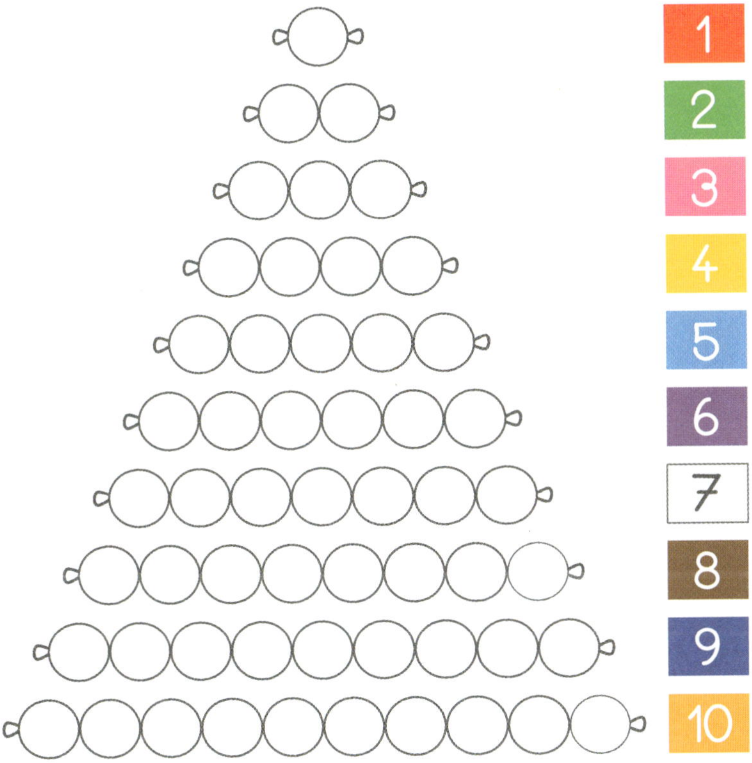

- Trace le chiffre.

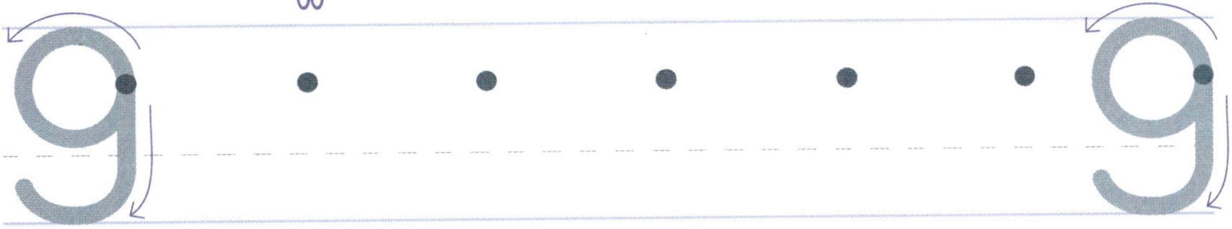

J'apprends le 10

- Avec ton doigt, suis le tracé et dis « 10 ».

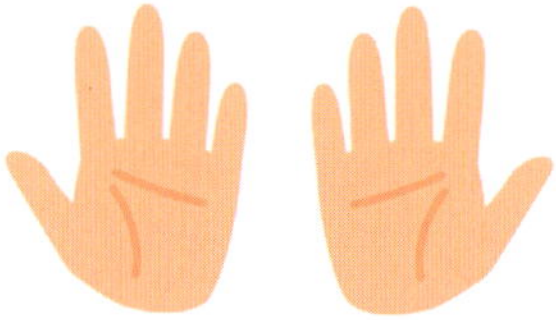

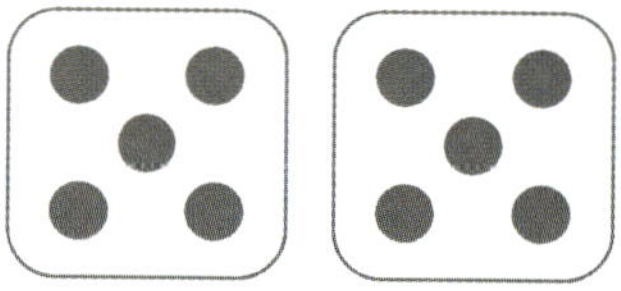

- Colorie 10 cases.

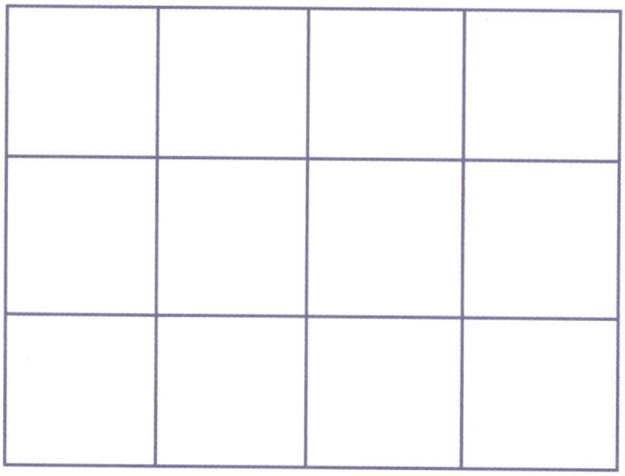

- Entoure tous les 10.

5 10 9 2 9

9 2 10 5 10 6

10 8 3 7 9 8

Colorie la barrette de perles du 10.

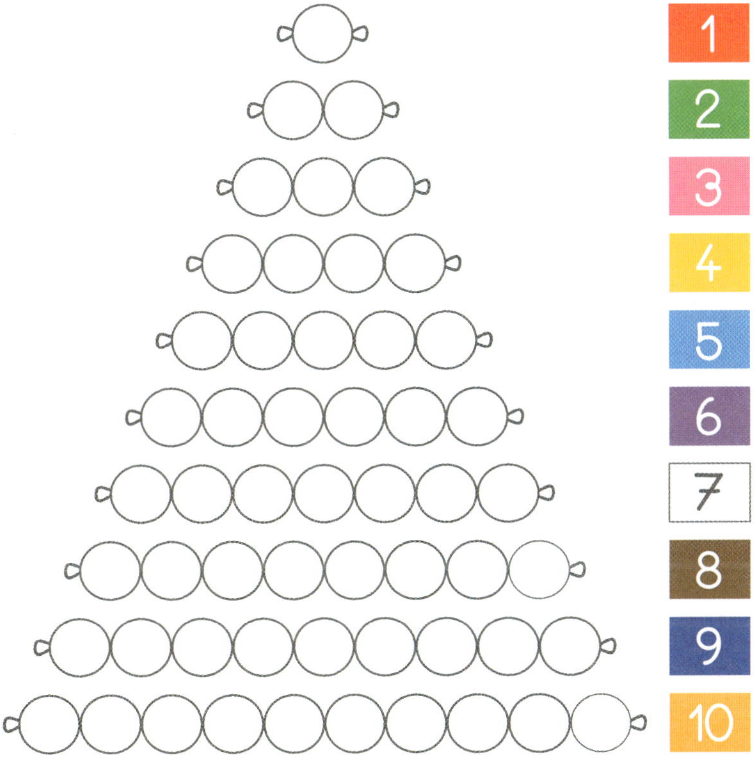

Trace le 10.

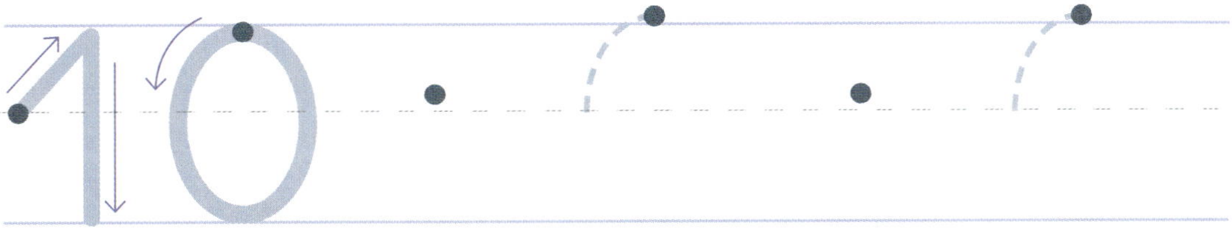

Colle une enveloppe ici pour ranger les formes et les couleurs que tu as découpées.

PAPIER À BASE DE FIBRES CERTIFIÉES

LAROUSSE s'engage pour l'environnement en réduisant l'empreinte carbone de ses livres. Celle de cet exemplaire est de : 350 g éq. CO_2 Rendez-vous sur www.larousse-durable.fr

Achevé d'imprimer chez Macrolibros SL en Espagne
Dépôt légal : décembre 2020 - 327564/01
N° de projet : 11045987 - janvier 2021

À DÉCOUPER

Le soleil des couleurs pages 8 et 9

Je connais les couleurs pages 6 et 7

À DÉCOUPER

Le sous-marin page 10

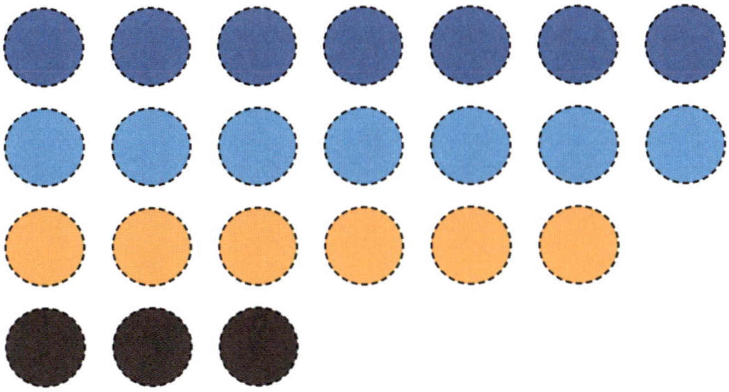

Formes et tailles pages 14 et 15